essentials

Bernd Herrmann · Jörn Sieglerschmidt

Umweltgeschichte im Überblick

Prof. Dr. Bernd Herrmann
Georg-August-Universität Göttingen
Göttingen
Deutschland

PD Dr. Jörn Sieglerschmidt
Asendorf
Deutschland

ISSN 2197-6708   ISSN 2197-6716 (electronic)
essentials
ISBN 978-3-658-14314-5   ISBN 978-3-658-14315-2 (eBook)
DOI 10.1007/978-3-658-14315-2

Die Deutsche Nationalbibliothek verzeichnet diese Publikation in der Deutschen National-
bibliografie; detaillierte bibliografische Daten sind im Internet über http://dnb.d-nb.de abrufbar.

Springer Spektrum
© Springer Fachmedien Wiesbaden 2016

Gedruckt auf säurefreiem und chlorfrei gebleichtem Papier

Springer Spektrum ist Teil von Springer Nature
Die eingetragene Gesellschaft ist Springer Fachmedien Wiesbaden GmbH

Vorwort

Umweltgeschichte *(environmental history)* besetzt heute im akademischen Spektrum einen gesicherten Platz. Einführungen in den Gegenstand gibt es inzwischen einige. Wir konzentrieren uns daher auf jene Prolegomena, die nach unserer Auffassung einer Umweltgeschichte ihr gedankliches Gerüst geben, weniger auf konkrete Beispiele. Wir tun dies in unabhängiger Weise und in der Grundüberzeugung, dass die Umweltgeschichte als interdisziplinärer Wissenszusammenhang keiner Einzeldisziplin gehört. Als Historiker und als Biologe haben wir bei der Arbeit am Thema den ständigen Beweis erlebt, dass Umweltgeschichte mehr ist als eine naturale Folie, vor der sich historische Akteure bewegen. Es handelt sich vielmehr um ein Projekt, das dem Reich der Ökologie zuzurechnen ist, die bei Lichte besehen nicht ohne kulturelle und gesellschaftliche Facetten zu denken ist.

Als Ergänzung zu diesem Band werden wir ein Bändchen in derselben Reihe des Verlages veröffentlichen (Herrmann und Sieglerschmidt 2016). Wir sind uns auch im Klaren darüber, dass eine Umweltgeschichte zwar aus anthropozentrischer Sicht geschrieben wird, aber eigentlich immer auch die historischen Entwicklungen der Bedürfnisse und der Ansprüche nichtmenschlicher Lebewesen sowie deren Verweigerung durch menschliche Egoismen oder Unbedachtheiten behandeln müsste. Die Erfüllung dieses Anspruchs liegt aber jenseits dieses Projektes und bleibt als Desiderat eine Aufforderung an diejenigen, die sich der Umweltgeschichte verpflichtet fühlen.

Wir danken dem Springer Verlag für die Aufnahme des Werkes ins Verlagsprogramm, der Verlags-Lektorin Stefanie Wolf für die Betreuung des Projektes, Frau Katharina Harsdorf, die das Manuskript formal ordnete, und schließlich der Herstellerin Frau Surabhi Sharma in Pune, die unsere Ideen in ein ansehnliches Büchlein verwandelt hat.

Unser größter Dank gilt unseren Ehefrauen Bärbel und Susanne für ihre Geduld und ihr Verständnis.

Göttingen
Asendorf
im April 2016
Bernd Herrmann
Jörn Sieglerschmidt

Inhaltsverzeichnis

Wenn man das Ganze betrachtet

Lediglich die mondfahrenden Astronauten[1] haben die Erde in dieser Weise gesehen, weil sie sich so nur aus großer Entfernung, hier aus 45.000 km, darbietet. Alle Menschen haben eine Vorstellung von der Welt, sie machen sich ein Bild von ihr. Bilder sind Vorstellungen, die Wirklichkeitscharakter annehmen und das Handeln der Menschen bestimmen können. Friedrich Ratzel hat bereits Ende des 19. Jahrhunderts formuliert, dass der Mensch seinen eng begrenzten räumlichen und zeitlichen Horizont erweitern muss, um mehr zu sehen als das, was unmittelbar vor seinen Augen liegt. Er forderte eine *hologäische* Sichtweise, die die gesamte Erde in den Blick nimmt und damit das einzelne Phänomen erst in die

---

[1]Im gesamten nachfolgenden Text ist mit der männlichen Form immer auch die weibliche mitgemeint.

zugehörigen Zusammenhänge stellt (Ratzel 1912, XVII f.). Der Blick auf die Totalität alles Existierenden ist zeit- und kulturabhängig. Die Frage nach der Bedeutung des Lebens, des Universums und dem ganzen Rest, muss jede/r für sich beantworten. Monotheistisch-religiöse Vorstellungen versprechen den Menschen·einen irdischen wie transzendenten Daseinsgrund und Geborgenheit durch eine Gottheit. Atheistische und materialistische Vorstellungen gründen dagegen auf der Annahme von Gesetzmäßigkeiten, von Zufällen und der Fähigkeit komplexer Moleküle zur Selbstorganisation, auf die sie das Geschehen auf der Erde und im Universum zurückführen. Die aristotelische Unterscheidung von ἐπιστήμη *(epistēmē)* und δόξα *(doxa)*, von naturphilosophischem Wissen und Alltagswissen bzw. Meinung sieht beide als gleichberechtigt an. Während die erste für Aristoteles wahrheitsfähig ist, kann es die Meinung nicht sein. Sie muss durch soziopolitische Kommunikation verhandelt werden (Kopperschmidt 1991). Eben das thematisieren David Hume im 18. Jahrhundert (s. Motto S. 5) und Epiktet (um 50 - um 138,) (Epictetus 1529, A5/1, C5/3): Ταράσσει τοὺς ἀνθρώπους οὐ τὰ πράγματα, αλλὰ τὰ περὶ τῶν πραγμάτων δόγματα. Nicht die Dinge verwirren die Menschen, sondern die Ansichten darüber.

Abb.: Fotografie der Erde, aufgenommen während der Apollo-17-Mission der NASA 1972. Die Aufnahme zeigt unten die Antarktis, mittig Afrika mit Madagaskar und weiter oben die Arabische Halbinsel. Die Atmosphäre ist von Wolken durchsetzt. Die Aufnahme ist der Ursprung für die Bezeichnung „Blue Marble" für die Erde als Himmelskörper. Der blaue Farbeindruck in der Echtfarbenaufnahme verdankt sich der Reflexion des Himmelslichtes von den Oberflächen der Weltmeere.

(Bildrechte bei NASA: http://www.nasa.gov/multimedia/imagegallery/image_feature_329.html).

Elementarbegriffe

...is, and is not, ...is not connected with an ought, or an ought not.

David Hume 1739 (Hume 2002, S. 302; Book 3, Part 1, Sect. 1, 27).

1.1 Einleitung

Das Jahr 2015 wird in den Geschichtsbüchern u. a. mit interkontinentalen Bevölkerungsbewegungen nach Europa verbunden werden. Migrationen sind ein Hauptcharakteristikum der menschlichen Geschichte. Überhaupt verdankt sich die globale Menschheitsgeschichte mehrfachen Auswanderungswellen von Vorfahren der heutigen Menschheit aus Afrika. Im Prinzip ist die heutige Verteilung des *Homo sapiens* auf der Erde klimatischen Verhältnissen in der Vorgeschichte geschuldet.

Die Wege der anatomisch modernen Menschen in Asien, Australien, Amerika und Europa trennten sich im Vorderen Orient vor 60–40.000 Jahren; Ozeanien wurde erst vor wenigen Tausend Jahren erreicht. Die Wiege der europäisch-vorderasiatischen Kultur im *Fruchtbaren Halbmond* wird von räumlichen Faktoren in Gestalt schwankender hygrischer Gegebenheiten vor 20–10.000 Jahren bestimmt (Issar und Zohar 2004; Eitel und Mächtle 2015). *Umweltfaktoren sind –* das zeigt dieser Ausflug in die Frühgeschichte der Menschheit – *geschichtsmächtig* und veranlassten kulturelle Entwicklungen oder beschleunigten sie. So beruhte auch die spätere sog. Völkerwanderung initial auf klimatischer Ungunst und Dürre in Ostasien sowie globalen Klimaanomalien zwischen 535 und 542.

© Springer Fachmedien Wiesbaden 2016
B. Herrmann und J. Sieglerschmidt, *Umweltgeschichte im Überblick,*
essentials, DOI 10.1007/978-3-658-14315-2_1

Wir tun uns nach erheblichen gesellschaftlichen Auswirkungen deterministischer Vorstellungen im 20. Jahrhundert in der Geschichtswissenschaft schwer, naturale Faktoren für historische Ereignisse, gar für individuelle Entscheidungen einzelner Akteure verantwortlich zu machen. Als notwendige Bedingungen z. B. einer Migrationsbewegung kommen sie immer in Betracht. In den Geschichtswissenschaften wird üblicherweise zuerst nach Interessenlagen, nach Machtverhältnissen, nach geistigen Beweggründen gesucht. In der deutschen Geschichtswissenschaft war es in der Nachfolge des deutschen Idealismus (Kant, Schopenhauer, Hegel) vor allem Droysen, der im 19. Jahrhundert naturale Faktoren als das immer wiederkehrende Unveränderliche und daher Unbedeutsame im Geschichtsverlauf ansah (Droysen 1977, S. 11–30; Sieglerschmidt 1996, S. 19–21). Ebenfalls im 19. Jahrhundert setzt sich wirkmächtig mit Karl Marx und Friedrich Engels ein Materialismus durch, der nicht nur das materielle Dasein des Menschen das Bewusstsein bestimmen lässt, sondern in der naturwissenschaftlichen Sichtweise die menschliche Gehirntätigkeit zu einem Ergebnis chemischer Vorgänge werden lässt. Droysen spricht 1857 von einer Reduktion geistiger Tätigkeit auf die Ausschwitzungen des Gehirns (Droysen 1977, S. 21). Ohne hier den bis heute in unterschiedlichen Verkleidungen andauernden Dissens lösen zu wollen, ist inzwischen einvernehmlich, dass das Nachdenken über Bedingungen historischer Entwicklungen auch über die elementaren Lebensbedingungen und Lebensbedürfnisse sich klar werden sollte. Dazu zählen z. B. die Strukturelemente eines konkreten Ökosystems, die für jedes Lebewesen zu einer gegebenen Zeit und an einem bestimmten Ort bestimmend sind. Dazu gehören *Zeit, Raum, Stoff, Energie und Information* (Abschn. 2.1). Sie bestimmen als U m g e b u n g und als Umwelt notwendig alle Geschichte. Umweltgeschichte ist daher in einem wohlverstandenen neuen und von Droysen abweichendem Sinne: N a t u r g e s c h i c h t e.

Von Anbeginn des Lebens auf dem Land, wie es uns geläufig ist, kam die für das Überleben erforderliche Energie für fast alle Lebewesen unmittelbar oder mittelbar aus der pflanzlichen Primärproduktion, in der die Sonnenenergie gebunden wird. Menschen haben sich mit der Erfindung des Agrarregimes, das seit etwa 10.000 Jahren mindestens bis Ende des 19. Jahrhunderts global die energetische Grundlage aller Wirtschaft bildete, hiervon in besonders intensiver Weise abhängig gemacht. Der schließliche flächenhafte Einsatz fossiler Energieträger charakterisiert die Wirtschaftsweise, die heute ökologisch prägend ist.

Nahrungsenergie, das Vorkommen natürlicher Ressourcen und die Möglichkeit zur Herstellung von Veredelungsprodukten, die letztlich mit und durch Pflanzenenergie, Muskel-, Wind- und Wasserkraft erzeugt wurden, waren bestimmend für den Reichtum einer Gemeinschaft. Innerhalb der Gemeinschaft regelten gesellschaftliche Norm enden Zugang zu Sexualpartnern, Nahrung, Ressourcen,

Veredelungsprodukten. *Kultur ist in dieser Hinsicht und vom Standpunkt der Lebenswissenschaften aus eine nach Gesetzmäßigkeiten der optimierenden Lebenserhaltung ablaufende ökologische Anpassungsleistung an die Vielzahl der unvorhersagbaren Veränderungen in menschlichen Gesellschaften und in der naturalen Umwelt. Sie ist eine generationenübergreifende Gesamtleistung, die mit einer Emanzipation vom biologischen Reproduktionszwang bzw. von der Steuerung der Reproduktion der Bevölkerung einhergeht.*

Die grundsätzliche Abhängigkeit jeglichen organischen Lebens von der naturalen Umgebung ist unhintergehbar, aber trivial, da es keine unmittelbare und schon gar keine kausale Abhängigkeit zwischen einer naturalen Umwelt und der Vergemeinschaftung bzw. der Kultur der in ihr lebenden Individuen gibt. Gleichwohl kann es konkrete Zugriffsmöglichkeiten auf verteilungsfähige naturale Ressourcen und Güter nur geben, sofern diese überhaupt im erreichbaren Zugangsraum existieren. Die Geomorphologie, die naturräumliche Bodenqualität, das regionale Klima, die Wasserläufe, natürliche Vegetation und Fauna eines Lebensraumes sind die naturale Rahmung für einen Teil der kulturellen Praxis, die aber von großer Variationsbreite sein kann, wie ethnologische Forschungen seit langer Zeit immer wieder vorführen. Wie alle Lebewesen existieren Menschen in einem *Raum-Zeit*-Gefüge, das aus den dort vorkommenden *materiellen Dingen* besteht, aus denen Lebewesen sowohl die *Stoffe* als auch die *Energie* für ihren körperlichen Unterhalt beziehen. Mit welchen kulturellen Praktiken Menschen diese materiellen Bedürfnisse bewältigen, ist allerdings offen. Neben den genetischen Codierungen im Gesamtsystem haben die kulturellen *Informationsflüsse* für Menschen eine besonders herausgehobene Bedeutung.

Menschen haben wie andere Lebewesen einen durch biologische Grundsätze gegebenen Existenzrahmen, von dem sie abhängig sind. Diese Grundsätze beruhen teilweise auf den von anderen Naturwissenschaften definierten und bis auf Widerruf gültig angesehenen Regeln, die auch das Geschehen in der unbelebten Natur bestimmen. Die Gleichförmigkeit des Naturgeschehens (John Stuart Mill) ist die Voraussetzung für die erfolgreiche Nutzung des Naturwissens durch menschliches Handeln, das unhintergehbar auf diesem materiellen Existenzrahmen gründet. Das Handeln setzt eine intelligente Leistung des menschlichen Gehirns voraus und beruht auf der naturgegebenen Befähigung zur Kultur. Es sind also genetische und tradigenetische (durch Tradition weitergegebenes Wissen) Eigenschaften, die den Existenz- und Handlungsrahmen von Menschen bestimmen. Kulturelle Leistungen von Lebensgemeinschaften sind Anpassungsleistungen an eine sich laufend ändernde soziale wie naturale Umwelt.

Jedes Lebewesen ist bemüht, sein physisches Überleben zu sichern. Es tut das in einem jeweils spezifischen ökologischen Gefüge. Menschliches Handeln und

Wirtschaften zielen auf die Erfüllung der als überlebensnotwendig erachteten Bedürfnisse, wobei unter den Bedingungen des Konsumismus solche Bedürfnisse anders aussehen als z. B. in einer Jäger- und Sammlergesellschaft. Zahlreiche individuelle und mehr noch kollektive Entscheidungen beruhen in allen Wirtschaftsformen auf genetischen und energetischen, auf einer Wahl zwischen unterschiedlichen Interessen, egoistischen wie ethnozentrischen, sozialen wie anderen einzubeziehenden.

Die Zusammenhänge zwischen den natürlichen Ressourcen, ihrer Aneignung, ihrer Verwendung, ihrer Veredelung, ihrer Degradierung, ihrer Entsorgung, ihrer Verteilung durch und in menschlichen Gesellschaften und den damit verbundenen Folgen und Nebenfolgen in Gesellschaft und Umwelt sind die Themen der Umweltgeschichte. Sie sammelt Daten und trifft Aussagen über das *Verhältnis von Menschen und ihren naturalen Umwelten in historischer Perspektive.* Sie gewinnt ihre Einsichten durch die Verbindung naturwissenschaftlicher und geschichtswissenschaftlicher Tatsachen. Umwelthistorisches Wissen speist sich aus den gesicherten Aussagen zahlreicher Disziplinen mit erkenntnistheoretisch sehr unterschiedlichen Instrumenten, wie in Einführungsbüchern zur Umweltgeschichte erläutert wird (z. B. Winiwarter und Knoll 2007, S. 25 f., 115–143; Herrmann 2016, S. 6).

1.2 Über den Umweltbegriff

Um 1800 wird ein neues Wort gefunden, das „die den Menschen umgebende Welt" bezeichnet: Umwelt (http://woerterbuchnetz.de/DWB/?sigle=DWB&mode=Vernetzung&lemid=GU04404#XGU04404, präziser: Müller 2001). Nach wechselnden Schicksalen in den Natur- und Geisteswissenschaften des 19. und 20. Jahrhunderts ist der Begriff seit Jahrzehnten ubiquitär und daher von mangelnder begrifflicher Schärfe. Gleichwohl ist er aus der politischen Diskussion bis heute nicht mehr wegzudenken und von erheblichem Einfluss auf das weltweite politische Denken und Handeln.

Das Wort verdrängt bis zum Anfang des 20. Jahrhunderts allmählich den synonym gebrauchten Begriff Milieu in die Spezialsprachen, etwa der Soziologie oder der Naturwissenschaften, und existiert dort bis heute als Begriff einer spezifischen natürlichen und kulturellen, das lebende Individuum bestimmenden Umgebung (Feldhoff 1980). Eine Konkurrenz zum Naturbegriff stellte das neue Wort im 19. Jahrhundert noch nicht dar. Natur war zu dieser Zeit mindestens überwiegend, wenn nicht gänzlich, noch an die Vorstellung einer schöpfend hervorbringenden Kraft oder philosophisch an den Bedeutungskern eines Begriffes gebunden, d. h. das Wesen einer Sache und damit deren ontische Zuordnung.

Am Ende des 19. Jahrhunderts wird der Biologe und Geograf Friedrich Ratzel (1844–1904), in seinem Handbuch „Anthropogeographie. Erster Teil: Grundzüge der Anwendung der Erdkunde auf die Geschichte" (1899) den Begriff des Milieus erstmals systematisch durch den Begriff Umwelt ersetzen und ihn bewusst in den Gegensatz zum Milieu-, aber auch dem Umweltbegriff der Philosophen und Sozialwissenschaftler bringen. Seiner Auffassung nach sind für die Erklärung der menschlichen Diversität kulturelle und soziale Faktoren nachrangig, vielmehr wären die Wirkungen der naturalen Faktoren des Raumes von allererster Bedeutung (Ratzel 1899, S. 25–65).

Ratzel, ein Anhänger der darwinschen Evolutionslehre, besetzt damit zur Betonung seiner wissenschaftlichen Position den Begriff in neuartiger Weise. Er hebt die *Wirkung* des Raums hervor, um die Anpassung von Organismen zu begründen. Zu dieser Zeit ist in der Biologie die Raumwirkung noch nicht als Einheit gedacht, sondern war in einzelne Standortfaktoren zerlegt. Als promovierter Biologe, der über Umwege in die Geografie fand, sah Ratzel die Notwendigkeit eines synthetischen Blicks. Jedes Lebewesen wäre an seinen Raum gebunden und mit ihm verbunden (Ratzel 1901, S. 146). Seine Position zielte auf konzeptionelle Fragen, die heute ihren sicheren Platz in der Ökologie haben. Damit war Umwelt in einem auf die Verteilung im Raum hinzielenden, verbreitungsgeschichtlichen (chorologischen) Sinn mit dem Raumbezug von Lebewesen verbunden und zugleich die Entsprechung von selektionsbedingter Anpassung und Standortbedingung hervorgehoben. Chorologie, hier als die Lehre von der Verbreitung bestimmter Lebewesen im Raum, und Ökologie, die Lehre von den Beziehungen eines Organismus zu seiner Außenwelt, waren bereits 1866 als Schwesterbegriffe von Ernst Haeckel in die Biologie eingeführt worden.

Zwischen dem Darwinisten Ratzel und dem Vitalisten Jakob von Uexküll, der die darwinsche Theorie vehement ablehnte, ist eine direkte Verbindung nicht belegt. Dennoch ähnelt sich die Grundidee der beiden auf verblüffende Weise, wonach einem jeden Lebewesen individuell ein bestimmter Raum zukommt. Der Physiologe Uexküll wird nämlich 1909/1921 in „Umwelt und Innenwelt der Tiere" den Umweltbegriff für die Biologie als einen *individuellen Erlebnisraum* definieren. Uexküll beschränkte dabei seine Betrachtung zunächst auf nichtmenschliche Tiere, erläuterte sie später aber zumeist an Beispielen aus der menschlichen Alltagserfahrung. Der Erlebnisraum wäre für jedes tierliche Lebewesen durch die Art seiner Sinnesorgane und seines ihm möglichen Reaktionsmusters bestimmt. Das Lebewesen trage diesen individuellen Existenzraum beständig mit sich herum, gleichsam, als befände es sich im Zentrum einer Seifenblase. In diesem Raum nehme das Lebewesen nur jene Dinge oder Abläufe wahr, die seinem Wahrnehmungsapparat und seinen spezifischen Reaktionsmöglichkeiten adäquat wären. Dabei erweise es sich, dass das Lebewesen optimal *in* (nicht *an!*) seinen Raum und dessen Anforderungen eingepasst sei. Die Umwelt ist nach Uexküll eine *Eigenwelt,* die vom Lebewesen im jeweiligen Moment *gelebt* wird, aber von niemandem sonst als *dieselbe* Umwelt *erfahren* werden könne. Der Begriff umfasse damit nur jene Beziehungen zur Außenwelt, die zusammen mit der innenweltlichen Wirkung für das Weltbild des betreffenden Wesens bestimmend wären.

Eine Konsequenz der Vorstellung Uexexternal Uexexternal ist die Annahme eines Generalplans der Natur, ganz in deren schöpferisch-hervorbringendem Verständnis. Wird die darwinsche Selektionstheorie abgelehnt, dann kann der Idee nach jedes Tier nur dann optimal in seine Umwelt eingepasst sein, wenn sämtliche seiner Lebensäußerungen und Bedürfnisse bereits antizipiert sind. Entsprechend wäre der Plan der Natur eingerichtet, so Uexexternal Vorstellungen (Mildenberger und Herrmann 2014). Trotz dieser nach Darwin nicht mehr haltbaren Ansicht bleibt es Uexexternal wesentliches Verdienst, die Verhaltensforschung aus den anthropomorphen Analogien befreit zu haben (Plessner 1975, S. XIV). Uexexternal Umwelt-Idee erwies sich besonders nach den zwanziger Jahren des 20. Jahrhunderts als fruchtbar und grundlegend für die Biologie und die aufkommende tierliche Verhaltensforschung (Ethologie) sowie die philosophische Anthropologie, die sich allerdings auch in der Tradition Herders sah (Scheler, Plessner, Portmann, Gehlen u. a.).

In der Biologie wurde der uexküllsche Umweltbegriff weiterentwickelt und verändert. Vor allem sprachen Uexexternal Ideen die Ökologen an, die sich zu dieser Zeit bemühten, die naturwissenschaftliche Erforschung des Existenzraums der Lebewesen zu intensivieren. Uexexternal Überlegung wurde einerseits abgelehnt. Denn die Biologie interessiert sich für die *allgemein gültigen* Regeln – nicht voranging für die individuelle Existenz –, für Arten, Gattungen, Familien, Populationen. Eine auf die Erkenntnis individueller Eigenschaften ausgerichtete Biologie war mit diesem Interesse zunächst nicht vereinbar. Zugleich war aber einzuräumen, dass biologische Untersuchungen nur am individuellen Organismus durchzuführen sind. Die Vermittlung zwischen der Ebene des Individuums und den allgemeinen Lebensbedingungen wurde in aufwendigen theoretischen Diskussionen in den dreißiger und vierziger Jahren des 20. Jahrhunderts erarbeitet und zugleich der Anspruch der Ökologen bekräftigt, dass der Umweltbegriff ihnen gehöre. Man räumte ein, dass der allgemeine Sprachgebrauch Uexexternal Ausdruck missverstanden habe und ihn meist irrig mit Umgebung oder Außenwelt gleichsetzte.

Uexexternal Überlegungen haben den Ökologen die grundsätzliche Nützlichkeit des Umweltbegriffs bewusst gemacht. Sein Tod 1944, der Abbruch der Theorie-Diskussionen in der Biologie sowie die zunehmend physikalistische Ausrichtung der Biologie seit der Mitte des Jahrhunderts zementierten ein Verständnis des Umweltbegriffs, dessen Inhalt die „Bezugnahme auf dasjenige außerhalb des Subjekts, was dieses irgendwie angeht" wurde (Friederichs 1950, S. 70). Es war die endgültige Etablierung der *Umwelt* als *Kategorie der Ökologie,* die von nun an ohne jede Bedeutungsvariante auf messbare, quantifizierbare Parameter der Umgebung beschränkt war.

Diejenige allgemeine Umgebung, die als synonymer Begriff zum Neologismus Umwelt einmal die *ursprüngliche* Bedeutung des Wortes in den Naturwissenschaften ausmachte, war, zumindest im deutschen Sprachraum, nach dem ersten Drittel des 20. Jahrhunderts keine *spezifische* Vokabel der Lebenswissenschaften mehr. Und denjenigen, die philosophisch Bezug auf das Subjekt *Mensch* nahmen, ging es um eine Analyse der subjektiven Konstitutionsbedingungen der Welt. Der Umweltbegriff spielte darin eine wichtige Rolle, da er eben die Umgebungsbedingungen bezeichnete, deren transzendentale Fundierung in der Reduktion auf die Lebenswelt gelingen sollte. Kant hatte die Konstitution der Welt in das Bewusstsein des Subjektes, des Menschen verlegt und damit nicht nur Uexküll beeinflusst, sondern auch eine bis heute gültige Tradition begründet. Husserl wollte vor allem in seinen Spätwerken die subjektive Konstitution der Welt aus einer vorwissenschaftlichen, gleichsam natürlichen Einstellung heraus aufzeigen. In der Reduktion, d. h. in Absehung von historischer und sprachlicher Erfahrung sollte ein universell gültiger Weltbegriff gefunden werden: die Lebenswelt. Husserl hat dieses Programm weder zu Ende noch konsistent durchgeführt, wobei an Husserls Methode vor allem der fehlende Bezug zur sprachlichen und historischen Bedingtheit der Lebenswelt kritisiert wurde. Lebenswelt wurde für Husserl die vorgegebene Natur- und Dingwelt in ihrer Raumzeitlichkeit, Anschaulichkeit und Unwandelbarkeit (Welter 1986, S. 80). Der später über die Sozialwissenschaften in den Alltagsjargon abgesunkene Lebensweltbegriff gleicht allerdings in seiner Interpretation als Alltags- oder Kulturwelt dem, was Husserl Umwelt nannte. Husserls Umweltbegriff ist daher dem heutigen Verständnis näher als der Lebensweltbegriff, da er die Intersubjektivität der Weltkonstitution einbezieht (Welter 1986, zu Husserl insbesondere S. 43–113). Nur nebenbei sei darauf hingewiesen, dass Husserl in keiner erkennbaren Weise sich auf den fast gleichaltrigen Uexküll bezieht.

Als das öffentliche Bewusstsein in den sechziger Jahren die Bedrohung der natürlichen Ressourcen, Biome (d. i. die vorherrschenden, große Areale überspannende Lebensgemeinschaften) und Ökosysteme durch den allgemeinen Naturverbrauch und die Immissionen v. a. des produzierenden Gewerbes wahrnahm, wurde nach Mitteln zum Gegensteuern gesucht. Die waren in der Disziplin zu suchen, die sich mit der Theorie und Praxis der Naturabläufe in den Medien

Wasser, Boden, Luft und in den Lebewesen befasst: in der Biologie und speziell in der Ökologie und ihren wissenschaftssystematischen Subdisziplinen. Mit der Erhebung der Ökologie zu einer Art heilsbringenden Wissenschaft wurde auf den lebenswissenschaftlichen Umweltbegriff zurückgegriffen und diese ökologische Kategorie einschließlich ihrer Bedeutung in den allgemeinen Sprachgebrauch übernommen.

Die Einsicht, dass in dem globalen System Erde letztlich alles irgendwie mit allem, zumindest im Geltungsbereich der sog. Naturgesetzlichkeiten, verbunden sei – seit der Antike in der europäischen Naturphilosophie als Topos bekannt – ebnete den rhetorisch verkürzenden Zugriff auf die ökologische Kategorie Umwelt als synonym für eine alles umfassende Natur. Sie war als Totalität alles Existierenden nun aber – zumindest im wissenschaftlichen wie politischen Diskurs – keine hervorbringend-schöpferische Natur mehr, sondern zu einem Umgebungsbegriff geworden, mit dem summarisch alles bezeichnet wird, wovon im weitesten Sinne das Leben organisch abhängt.

Mit der Übernahme des ökologisch besetzten Umweltbegriffs in den allgemeinen Sprachgebrauch spätestens seit den siebziger Jahren des letzten Jahrhunderts wurde das in der Ökologie – noch als Reminiszenz uexküllscher Einsichten – als Pluralbegriff gebräuchliche Wort zu einem Singularetantum. Aus den ökologischen Umwelten wurde eine, wurde die Umwelt. Damit war der Umweltbegriff zu einem Synonym von Natur geworden. Je nachdem, wie es benannt wird, könnte so Dasselbe als etwas völlig Verschiedenes wahrgenommen werden.

Von welcher Seite man es auch betrachtet, Umwelt ist, mindestens seit den letzten vier Dezennien des 20. Jahrhunderts, in sämtlichen Verwendungszusammenhängen, seien es wissenschaftliche wie gesellschaftliche, zweifelsfrei eine *ökologische* Kategorie. Die uexküllsche Grundidee der Eigenwelt eines jeden tierlichen Organismus avancierte in der zweiten Hälfte des 20. Jahrhunderts allmählich zu einem selbstverständlichen Grundsatz in den Verhaltenswissenschaften von Ethologie und Psychologie. Sie äußert sich im beobachtbaren Verhalten der Organismen bzw. Probanden, und ist deshalb schließlich auch zu einer eigenständigen bedeutenden ökologischen Subkategorie geworden.

1.3   Was ist Umweltgeschichte?

Menschliche Gemeinschaften moderieren die Nutzung ihrer naturalen Umwelt unter verschiedenen Gesichtspunkten. Die Nutzung richtet sich nach der vorherrschenden Ökonomie einer Gemeinschaft. Die Grundformen menschlicher Ökonomien, die traditionellen Wirtschaftsformen, wie Wild- und Feldbeuter,

Bodenbebauer, Viehzüchter usw., sind Optionsmodelle innerhalb der Möglichkeiten der menschlichen Ökologie. Nach der Erfindung des Ackerbaus, der weltweit mindestens drei Mal unabhängig voneinander während der letzten zwanzig- bis zehntausend Jahre etabliert wurde (Mittelamerika, Vorderer Orient, Südostasien) und die Jäger-Sammler-Ökonomien sowie pastoralen Nomaden zurückdrängte, zuletzt massiv während der Kolonisierungsphasen durch europäische Herrschaften. Die Art und Weise der Nutzung natürlicher Ressourcen ist also nicht von Kultur, Wirtschaft und Herrschaft zu trennen. Die Nutzungsmöglichkeiten natürlicher Ressourcen sind ihrerseits durch die naturräumlichen Bedingungen bestimmt, wie klimatische, geomorphologische, pedologische und geologische Determinanten. Wirtschaft und Herrschaft sind Unterbereiche der *Kultur.* Anders als die übrigen Lebewesen – soweit bekannt – kann ein Mensch den Naturdingen nicht mehr unmittelbar gegenübertreten. Er tut es immer in kultureller Vermittlung (Ernst Cassirer 1996, S. 47 ff., unter Berufung auf Uexküll). Die Kultur ist das zentrale Vermittlungsmedium zwischen Menschen und der Totalität der Bedingungen, der Bedürfnisse und der Äußerungen ihrer physischen Existenz, indem die Kultur das Verhältnis der Menschen zu den naturalen Gegebenheiten als *die ihnen eigene Umwelt* bestimmt. Eine historische Analyse dieses Grundverhältnisses bzw. dieser konkreten historischen Situationen fragt nach den grundsätzlichen Umweltbedingungen der Menschen und systematisiert die Lösungen (und Fehler), die bei der Bewältigung ökologischer Probleme maßgeblich waren.

Der Wirkungsbereich einer jeden biologischen Art im Ökosystem ist die sog. Nische. Die Stellung einer Art im Ökosystem verdankt sich diesem Wirkungsfeld. Organismen verändern durch ihre Aktivitäten die Lebensbedingungen, in denen sie und ihre Nachkommen sowie die anderen lebensgemeinschaftlichen Organismen sich entwickeln und existieren. Die wechselseitigen Rückkoppelungen zwischen den organismischen Aktivitäten und der selektiv wirksamen Umwelt werden als Nischen*konstruktion* bezeichnet, um damit den *aktiven* Anteil einer Art am Prozess der wechselseitigen Beeinflussung zu betonen. Die ökologische Nische des Menschen ist seine kulturelle Repräsentation. Das Konzept der Nischenkonstruktion erweist sich als besonders geeignet für das Verständnis der menschlichen Evolution und der menschlichen Geschichte. Es vereint die (bio-) ökologischen Aspekte der menschlichen mit seinen sozialen und symbolischen Facetten. Und betont die aktive Rolle, die Menschen bei der Hervorbringung ihrer Welt und ihrer eigenen Evolution spielen (Kendal et al. 2011). Durch diese Konstruktion werden zahlreiche naturale Zwänge auf beherrschbare Faktoren reduziert, und die Umwelt weitgehend durch Absichten der Menschen gebildet. Die Bedeutung sozialer Praktiken und Überzeugungssysteme, die sich in unterschiedlichen Zeitspannen einander beeinflussen und verändern können und dabei wiederum komplexe Muster kultureller Änderungen hervorzubringen vermögen, werden von der Lehrbuchbiologie nicht angemessen gewürdigt. Hier wie in den Geschichtswissenschaften bedarf es noch weiterer Verbreitung der Einsicht, dass Kultur energetische und darüber hinaus ökologische Kosten verursacht, die letztlich über ihre Dauer zumindest mit entscheiden.

Bedeutsam ist die Möglichkeit, dass eine Nischen konstruierende Art genetische Veränderungen zu bewirken vermag. Entweder bei sich selbst, wie das auf den Menschen vielfach zutrifft, oder bei Arten, die der Mensch durch Nischenkonstruktion beeinflusst, am einfachsten erkennbar in den von ihm domestizierten Arten. Diese Koevolution von Genen und Kultur, die ihrerseits die kulturelle Kapazität zur Nischenkonstruktion beeinflusst, kann zu einer Beschleunigung kultureller Entwicklung führen, womit die spezifischen menschlichen kognitiven und affektiven Merkmalskomplexe als Ergebnis sich selbst verstärkender Effekte erklärt werden können.

Das Konzept der Nischenkonstruktion bildet ein vereinheitlichendes Erklärungsmodell und ist als synthetische Theorie für die Umweltgeschichte nutzbar. So sind beispielsweise Veränderungen einer Landschaft und der Verteilung von in ihr lebenden Arten auf einfache Weise mit den Handlungsweisen von Menschen zu korrelieren. Das trifft ebenso auf populationsgenetische Daten zu, die aus kulturellen Gründen erklärbar werden und biologisch als *Koevolutionen* aufzufassen sind (Durham 1991). Hierzu sind auch epigenetisch auftretende Änderungen des Erbgutes durch kulturell moderierte Ereignisse wie chronischen Hunger und traumatisierende Erlebnisse zu zählen, deren Auswirkungen über Generationen anhalten und die Inzidenzraten für u. a. organische Leiden, Neoplasien und physiologisch begründete Verhaltensauffälligkeiten beeinflussen.

Die Konturen des Forschungs- und Sachgebietes, das heute als *Umweltgeschichte* einen Platz in der akademischen Welt besetzt, begannen sich erst in den sechziger und siebziger Jahren des 20. Jahrhunderts herauszubilden (Ausnahme: Marsh 1864; Thomas et al. 1956). Als Wort ist es vermutlich eine Übersetzung des englischen Ausdrucks *environmental history,* da im angelsächsischen Raum früher als im deutschsprachigen eine sichtbare Beschäftigung von Historikern mit einschlägiger Thematik begann. Vorläuferarbeiten, die heute unter die Rubrik subsumiert werden, lassen sich überwiegend in der historischen Geografie, der Landesgeschichte, der älteren Kulturgeschichte, die sich mit materieller Kultur beschäftigte, und – überraschend – in den Ingenieurswissenschaften ausmachen. Ingenieure, die sich mit den Umweltmedien Wasser, Boden und Luft befassten, die städtebauliche Fragen der Ver- und Entsorgung vor allem der schnell wachsenden Städte des 19. Jahrhunderts behandelten, haben ihren Arbeiten oft einen historischen Rückblick hinzugefügt. Ähnlich verfuhren Mediziner, die bereits im 18. Jahrhundert mit ihren sog. medizinischen Topografien die Aufmerksamkeit auf Fragen der öffentlichen und privaten Hygiene lenkten. Letztlich sind umwelthistorische Erörterungen bis in die Antike zurückzuverfolgen, soweit es um die Erörterung gegenseitiger Abhängigkeiten von Mensch und Natur geht (Glacken 1967).

Umweltgeschichte befasst sich mit der natur- und kulturwissenschaftlichen Rekonstruktion von Umweltbedingungen in der Vergangenheit sowie mit der Rekonstruktion der Wahrnehmung und Interpretation der jeweiligen Umweltbedingungen durch die damals lebenden Menschen. Sie bewertet den zeitgenössischen Zustand der Umwelt und die zeitgenössischen, umweltwirksamen Normen, Handlungen und Handlungsfolgen nach wissenschaftlichen Kriterien. Umweltgeschichte befasst sich also mit sozionaturalen Kollektiven in historischen Kontexten und systematisiert die Abläufe in diesen Kollektiven nach soziokulturellen und naturalen Kriterien.

Umweltgeschichte ist *keine* Spezialdisziplin der Geschichtswissenschaften, sie ist ein fächerübergreifender Wissenszusammenhang. Sie ist kein Fach im klassischen Verständnis der akademischen Systematik, weil sie ihre erkenntnistheoretischen Grundlagen opportunistisch problembezogen wählt. Auch ihre Quellen, d. h. die historischen Belege, sind unterschiedlicher Art und können entweder dem klassischen Dokumentenarchiv entstammen oder dem sog. Naturarchiv, d. h. den heute mit naturwissenschaftlichen Methoden erkennbaren historischen Spuren z. B. geophysikalischer oder besiedlungsgeschichtlicher Vorgänge. Für die erstere Variante ist der Begriff historische Umweltforschung vorgeschlagen worden, ohne sich allerdings durchsetzen zu können. Letztere Variante, die erstere umfassen sollte, war zunächst als historische Ökologie bezeichnet worden und schließt Bereiche wie Paläoklimaforschung, -botanik oder -zoologie ein. Ihr Paradigma ist die Systemtheorie. Solange biologische Ökologie und Humanökologie sich als angewandte Naturwissenschaft verstehen, können sie allerdings geistes- und gesellschaftswissenschaftlichen Ansätzen keinen Raum geben.

1.4   Die Sicht auf die Natur

Da sich die Schärfe der Umweltprobleme in den sechziger Jahren in der öffentlichen wie wissenschaftlichen Wahrnehmung zunächst in den Weltregionen des sog. europäischen Sonderweges zeigten, wurde die These vertreten, der exzessive Naturverbrauch dieser Kultur gründe in deren judäo-christlichen Wurzeln (Lynn White 1967). Es dauerte seine Zeit, bis dieser Verdacht der Einsicht wich, dass *keine* bekannte menschliche Kultur ohne irreversiblen Naturverbrauch auskommt, und der Vorwurf speziell gegen die judäo-christliche Natursicht nicht gerechtfertigt ist. Allerdings kommt mit dem judäo-christlich geübten Idolatrieverbot, das auch der Islam teilt, den *einzelnen* Naturdingen keine magische oder verehrungswürdige Eigenschaft zu. Gleichwohl gab es in allen diesen religiösen Kulturen magische Praktiken und Orte (z. B. Wallfahrtsorte). Die abstrakte Bewunderung für die Schöpfung schloss angesichts eines anthropozentrischen Weltbildes einen ausbeuterischen Umgang mit natürlichen Ressourcen nicht aus, der so in animistischen oder totemistischen Überzeugungssystemen kaum möglich ist. Dennoch gilt es festzuhalten, dass sämtliche Wirtschaftssysteme und alle Lebewesen ökologische Folgekosten verursachen, und auf sog. naturnahe Völker oder auch Tiere sich beziehende Nachhaltigkeitsmythen der Nachprüfung nicht standhalten (z. B. für die indigenen Völker Nordamerikas: Butzer 1992). Lebewesen sind und bleiben Entropiesammler, die ihrer Umgebung Energie entnehmen müssen, um überleben zu können, und damit immer auch diese Umgebung in mehr oder minder großem Maße beeinflussen.

Tatsächlich ist der Zusammenhang zwischen Überzeugungssystemen und Wirtschaftsformen eng, sie prägen die personalisierten Vorstellungen der Gottheiten: Jäger-Sammler-Kulturen ist ein Herr der Tiere gemeinsam, Hirtenvölker verehren einen Himmelsgott, Ackerbauer weibliche Erdgottheiten. Komplexere Stadt-Kulturen und Herrschaftssysteme kennen eine Göttervielzahl oder bilden monotheistische Systeme aus (Botero et al. 2014).

Unabhängig von ihren ökonomisch-religiösen Praktiken zielen bestimmte kulturelle Äußerungen auf Nachhaltigkeit im Sinne von Permanenz und erfüllen damit ein biologisches Grundgesetz, nachdem der Zweck des Lebens das Leben selbst und damit seine Fortdauer ist. Da die energetischen und stofflichen Ressourcen eines Lebensraums im Prinzip begrenzt sind, ergibt sich zwangsläufig ihre Aufteilung zwischen Individuen wie zwischen Arten *unter Konkurrenz*. Das war bereits in einer menschenfreien Welt so. Nachhaltigkeit kann damit dem Grundsatz nach nichts anderes sein als das Ergebnis einer Aushandlung konkurrierender Interessen um begrenzte ökologische Ressourcen. In diesem Verteilungswettbewerb profitieren nur die Gewinner der Aushandlung *nachhaltig* von dieser, während die Verlierer zumindest auf lange Sicht eliminiert werden. Deshalb ist auch eine konfliktfreie Reduktion des Naturverbrauchs bei gleichzeitiger Partizipation aller Menschen an einem einheitlich höheren Lebensstandard angesichts der prognostizierten Menschenzahl von 9,7 Mrd. im Jahre 2050 ausgeschlossen.

Die allgemein herrschenden Vorstellungen von bzw. über die Natur sind bestimmend für den Umgang mit ihr. Sie haben sich im Verlauf der Geschichte mehrfach gewandelt. Es ist entscheidend, ob ein Baum oder ein Tier als

Mitgeschöpf angesehen wird, die Erde im Mittelpunkt des Weltalls steht oder nicht, ob die Güter der Erde bedenkenlos genutzt werden oder mit ihnen bewahrend umgegangen wird.

Die europäischen Vorstellungen zur Natur bleiben bis in die Postmoderne der Dichotomie von Natur und Kultur verpflichtet, die sich in der Entgegensetzung von Objekt und Subjekt, Leib und Seele, Körper und Geist, Notwendigkeit und Freiheit spiegelt. Descartes ist seit dem 17. Jahrhundert wohl der wirkmächtigste Vertreter dieser subjektorientierten Ontologie. In dieser Tradition ist der Mensch das Zentrum der Schöpfung und zugleich das höchstentwickelte Lebewesen. Diese Sonderstellung des Menschen in der Natur wird bis heute selten infrage oder gar in Abrede gestellt (vgl. dagegen Catton und Dunlap 1980), allenfalls relativiert. Selbst hermetische oder esoterische, also von der Hauptrichtung der Naturwissenschaften seit der Renaissance abweichende Ontologien bleiben diesem Bild verhaftet. Die naturwissenschaftlichen wie philosophischen Belege der Irrigkeit des cartesischen Diktums vom Leib-Seele-Dualismus haben bisher keine spürbare Revision dieser Ontologie bewirkt, weil sie für die Subjektivitätserfahrung nicht relevant erscheinen. Das kann freilich auch eine Folge lebenslanger kultureller Einübungen sein.

Die Forschungserträge von Philippe Descola (2013) belegen dagegen, dass die Trennung von Natur und Kultur lediglich *eine von vielen Möglichkeiten* ist, die Totalität des Existierenden einzuteilen. Die Auffassungsvarianten ergeben sich durch die Beschaffenheit eines wahrnehmenden Lebewesens *(Physikalität)*, die im Innenleben des Lebewesens Vorstellungen *(Interiorität)* mithilfe ihrer entsprechenden physischen Organe und Prozesse hervorrufen. Diese Grundannahme ist identisch mit Uexkülls und auch Plessners Vorstellung. Darauf gründen sich nach Descola vier unterschiedliche Ontologien: *Naturalismus, Animismus, Totemismus* und *Analogismus*. Die Grundmuster dieser vier Dispositionen sind bestimmend für die Auffassungsvielfalt über die Beschaffenheit von Natur, die vermutlich auch in europäischen Regionen vorkamen. Die Natur-Kultur-Dichotomie scheint zwar für uns und innerhalb unseres Weltanschauungssystems plausibel, stellt aber philosophisch einen Irrweg dar. Descola schlägt daher vor, zu einer neuen Universalität zu finden, die für alle Dinge dieser Welt offen ist und zugleich deren Besonderheiten respektiert. Er sieht angesichts des notwendigen Ausgleichs der unterschiedlichen Interessen und unseres Friedens mit der Passivität des Nichtstuns die mögliche Auslöschung des Menschen und damit des Berichterstatters der Natur voraus (Descola 2013, S. 584).

Pentamorphosen

Der Neologismus Pentamorphose ist aus dem altgriechischen πεντάμορφος = fünfgestaltig abgleitet. Ohne der Zahlenmagie verfallen zu wollen, werden hier für die Umweltgeschichte fünfgliedrige Ordnungsprinzipien zugrunde gelegt: für die ökosystemaren Voraussetzungen (Abschn. 2.1), für die Umweltmedien (Abschn. 2.2) und für die Praxis der Umweltgeschichte (Abschn. 2.3).

2.1 Ökosystemarer Pentamorphos

Astrophysiker nehmen an, dass die Phänomene, die der Oberfläche und Atmosphäre des Planeten Erde ihre charakteristische Beschaffenheit verleihen, keine singuläre Erscheinung im Universum sind. Dennoch darf dem planetaren Ökosystem der Erde und den in ihm verbundenen Einheiten Einzigartigkeit unterstellt werden. Diese Einzigartigkeit verdankt sich allerdings ausschließlich den hier entstandenen spezifischen Lebensformen (Abschn. 2.2), denn die *strukturellen Voraussetzungen* für Ökosysteme sind universell und dürften im Universum wiederholt auf planetaren Körpern als bestimmende Größen vorkommen. Was hier als strukturelle Voraussetzungen bezeichnet wird, kann als Bedingung der Möglichkeit von Ökosystemen und damit als kategorial angesehen werden. Dass es sich dabei um Konzepte handelt, die hier und im gegebenen Zusammenhang als sinnvoll erscheinen, versteht sich von selbst: *Zeit, Raum, Stoff, Energie und Information*. Die Natur kennt kein raumzeitliches Kontinuum, weiß nichts über Stoff noch über die zu seiner Wandlung notwendige Energie und Information. Es geht ausschließlich um das menschliche Verständnis, für das diese Begriffe unabdingbar, eben kategorial sind.

© Springer Fachmedien Wiesbaden 2016
B. Herrmann und J. Sieglerschmidt, *Umweltgeschichte im Überblick*,
essentials, DOI 10.1007/978-3-658-14315-2_2

Zeit ergibt sich für uns vor allem aus den berechenbaren und vorhersehbaren Abläufen des Sonnensystems. Sie bedingen die jahreszeitlichen Wechsel, Ebbe und Flut, Tageszeiten, den Mondkalender, periodische Einflüsse der Sonnenaktivität u. a. m. Die stoffliche Zusammensetzung der Erde (vorzugsweise der Erdkruste), ihre frühere geologische Aktivität, die räumliche Verteilung von Land und Wasser, die Anwesenheit einer Gashülle und die Energieentladungen aus dieser Uratmosphäre waren für die Entstehung organischer Moleküle eine notwendige Bedingung. Sie bildeten die Grundkörper komplexer Verbindungen, die zu informationstragenden, selbstreplizierenden Strukturen zusammenfanden. Diese waren für die schließliche Entstehung aller Ökosysteme und des Gesamtökosystems der Erde verantwortlich. Sie haben sich als selbstorganisierende Einheiten auf der Grundlage jener in ihrer molekularen Struktur codierten Information mit *Zufall und Notwendigkeit* in langzeitlichen Entwicklungen zu einer organismischen Vielfalt differenziert, deren zeitbedingten Ausschnitt wir heute wahrnehmen. Diese Organismen beeinflussen sich durch ihre Lebensansprüche wie Lebensäußerungen und im Miteinander mit der übrigen organischen und anorganischen Umgebung untereinander. Fundamental ist dabei die fotosynthetische Fähigkeit der grünen Pflanzen, die den Sauerstoff unserer Atmosphäre produzieren und die energetische Grundlage für alle konsumierenden Organismen liefern.

Das Konzept des Ökosystems enthält Vorannahmen, die zu benennen sind. Das *System* ist bereits in der altgriechischen Sprache ein zusammengesetztes Ganzes, dessen Teile in einer zu definierenden Weise geordnet und voneinander abhängig sind. Systeme sind also immer Denkfiguren, die es uns ermöglichen sollen, Zusammenhänge zu erkennen und darzustellen. Soweit Systeme experimentell und quantifizierend bestimmte Messgrößen aufeinander beziehen, können sie als Modelle gelten. Systeme haben ihnen üblicherweise zugesprochene, sie zugleich definierende Eigenschaften, im Falle der Ökosysteme: Konstanz, Resistenz und Zyklizität. Fehlt eine dieser Eigenschaften, sollten das System und seine Grenzen überprüft werden. Je größer es sich räumlich ausdehnt und zeitlich erstreckt, desto schwieriger ist es, seine Grenzen eindeutig und wissenschaftlich präzise, d. h. experimentell und quantifizierend, zu bestimmen. Es ist daher problematisch, von einem globalen Ökosystem mit dem Anspruch empirischer Genauigkeit zu sprechen.

- Konstanz: Ein Ökosystem verändert sich in der Regel nicht innerhalb von Zeiträumen menschlichen Geschichtsverständnisses, wenn nicht außergewöhnliche Faktoren einwirken. So wurde die noch zwischen 8000 und 1000 v. d. Z. grüne Sahara zur Wüste durch eine allmähliche Klimaverschiebung in der Hemisphäre.

- Resistenz: Störfaktoren vermögen in einem Ökosystem nur geringe Schwankungen bzw. Veränderungen zu erzeugen. Ein sich selbst überlassenes Waldökosystem erneuert sich auch nach gravierenden Schädlingskalamitäten oder ausgedehntem Windbruch in einem bis zu mehrhundertjährigen Prozess.
- Zyklizität: Ein Ökosystem ist – auch ohne Einwirkungen von Störfaktoren – immer durch Merkmalschwankungen charakterisiert. Es verändert sich, kehrt aber dann von selbst in die Ausgangslage zurück. Änderungen in der genetischen Variabilität der Organismen eines Ökosystems bleiben in der Regel folgenlos für den Artenbestand bzw. führen, wie beim Auftreten von Krankheiten oder Schädlingen, nur zu zeitweiligen Bestandsänderungen. Resistenz und Zyklizität bezeichnen in spezifischer Bedeutung die Geschwindigkeit der Rückkehr in den Ausgangszustand nach einer Störung. Zyklizität bzw. Resistenz werden auch als Resilienz bezeichnet. Sie ist die Fähigkeit eines Ökosystems, eine Störung über Dauer und in Intensität zu ertragen, ohne in ein anderes Ökosystem überzugehen.

Die umwelthistorische Bedeutung der Auseinandersetzung mit diesen Eigenschaften liegt auf der Hand: Die Fähigkeit eines Ökosystems, Veränderungen zu widerstehen oder nach einer Störung in den Ausgangszustand zurückkehren zu können, bildet die Grundlage dafür, dass sich die Systemmerkmale eines Ökosystems nicht verändern, obwohl sich die Systemkomponenten verändern.

So ändern sich diese beispielsweise laufend im Agrarregime. Das reicht von der Bodenbeschaffenheit über das Mikroklima zur verfügbaren Wassermenge, von den verdrängten bis zu den angebauten Pflanzen, von den domestizierten Tieren über die menschlichen Nahrungskonkurrenten bis zu den Parasiten und Schädlingen, von den Bewirtschaftungssystemen bis zu den Organisationsstrukturen in der Bevölkerung, von den endemischen bis zu den pandemischen Krankheiten, usw. Gerade das Agrarsystem ist ein gutes Beispiel für ein komplexes System. Die vielen mehr oder weniger gelingenden Versuche, z. B. Krisen des Agrarsystems zu beschreiben, zeigen das nur zu deutlich.

Vor diesem Hintergrund ist es für uns dann erstaunlich, dass Menschen es geschafft haben, bei geringen naturwissenschaftlichen Kenntnissen ein derart komplexes Ökosystemen stabil zu halten und mit der so betriebenen Landwirtschaft zu überleben. Daran zeigt sich, dass trotz geringerer naturwissenschaftlicher Kenntnisse die systematisierten Erfahrungen qualifizierter Naturbeobachtungen früherer Generationen ausgereicht haben, um dieses Überleben zu sichern.

Auch wenn Menschen sprachlich und historisch in systematische Zusammenhänge eingebunden sind, lässt sich Geschichte nur in Form der Naturgeschichte als System im oben gemeinten engeren Sinne begreifen. Selbstverständlich können auch historische oder politische Zusammenhänge systemtheoretisch betrachtet werden, riskieren damit aber den Rückfall in deterministische und naturalistische Sichtweisen. Das gilt insbesondere dann, wenn Systeme so unüberschaubar werden, dass die zahlreichen Einflussgrößen nur schwer in ihrer gegenseitigen Bedingtheit beschrieben und daher kaum verlässliche Aussagen über das Verhalten des Gesamtsystems gemacht werden können. Ein gutes Beispiel dafür ist das als Wetter modellierte geophysikalische System.

Mit der Etablierung der modernen Wissenschaft, den Instrumenten ihrer Naturbeobachtung und den Entdeckungen ökosystemarer Grundstrukturen, seit dem 17. Jahrhundert nicht selten als Naturhaushalt konzipiert, wird offenbar, dass Ökosysteme sich aus verschiedensten Gründen und in längerfristigen Zeiträumen wandeln. Ein akuter Störfaktor für das globale Ökosystem ist der mit der Erfindung der Agrarwirtschaft aufgekommene Eintrag klimawirksamer Gase in die Erdatmosphäre. Die Industrialisierung mit dem exponentiell steigenden Verbrauch fossiler Energieträger seit Beginn des 19. Jahrhunderts hat die Einträge so vermehrt, dass es innerhalb nur einer menschlichen Generationendauer zu einer messbaren Änderung der Atmosphärentemperatur gekommen ist. Eine Folge ist die abrupte Änderung der Klimadynamik, die Anlass zu gegenwärtiger Zukunftssorge bietet.

2.2 Umweltmedialer Pentamorphos

Die Vorstellung, alles Seiende sei aus einem oder mehreren Grundstoffen oder Elementen hervorgegangen und bestünde daraus, ist in vielen Kulturen der Welt nachzuweisen. In der europäischen Antike sind es seit Hippokrates (um 460–370) und Aristoteles (384–322) bis in die Renaissance *Feuer, Wasser, Luft und Erde.* Noch in der Antike wird die Quintessenz *(quinta essentia)* als fünftes Element vor allem für die Umgebung der Himmelskörper angenommen. In der Renaissance sollten namentlich in Nachfolge des Paracelsus (Philippus Theophrastus Aureolus Bombastus von Hohenheim, 1493–1541) noch Salz, Schwefel und Quecksilber hinzukommen. Seit dem 17. Jahrhundert und endgültig mit Antoine Laurent de Lavoisier (1743–1794) ist für die empirische Naturwissenschaft klar, dass die vier Elemente selbst elementar zusammengesetzt sind.

Alle Lebewesen benötigen Luft (Sauerstoff) zum Atmen, Wasser zur Ausbildung ihrer Körper und zur Aufrechterhaltung ihrer Grundfunktionen, Erde (Boden) als Lieferant der lebenswichtigen Elemente und Mineralien, die auch im Wasser angereichert sein können. Wasser, Erde und Luft sind die Umweltmedien, die alle Lebewesen tragen. Das Feuer zerstört auf der einen Seite Teile von Ökosystemen, die gerade daraus ihre Stabilität beziehen (Waldökosysteme, Prärien). Für Menschen ist es einerseits ein Licht- und Energie spendendes, kulturbringendes und kulturbewahrendes Element, andererseits auch ein kulturzerstörendes.

Die vier Elemente erscheinen uns heute als grundlegende Stoffe der Natur fremdartig und taugen doch noch immer für eine grobe stoffliche Ordnung der Natur (z. B. fest, flüssig, gasförmig). Sie können aber weder einzeln noch im Zusammenhang Leben erklären und sollten daher um die *Biota*, der Gesamtheit aller Lebewesen, ergänzt werden. Diese sind für das globale Ökosystem und sein Erscheinungsbild das prominenteste Element. Sie sind nicht flüssig, nicht gasförmig und auch nicht im eigentlichen Sinne fest. Ihnen kommt allerdings als Lebewesen eine Grundeigenschaft zu, die den Elementen abgeht. Wegen dieser grundsätzlichen und prägenden Bedeutung fügen wir die Biota als fünftes Umweltmedium hinzu, zumal Lebewesen einen sehr großen Raum unserer Umwelt einnehmen.

Mit dieser Fünfheit aus Feuer, Wasser, Luft, Erde und Lebewesen sind die substanziellen Erörterungsgegenstände der Umweltgeschichte benannt. Sie erfahren als Umweltmedien größte Aufmerksamkeit, auch weil sie die grobsinnlichen Eindrücke wie Sehen (Augen), Riechen (Nase), Hören (Ohren), Schmecken (Zunge) und Tasten bzw. Fühlen (Haut) vermitteln, Sinne, die ganz in der allegorischen Tradition der Neuzeit stehen und in Literatur wie Kunstgeschichte vielfältigen Ausdruck gefunden haben.

Wie die Beschaffenheit des Bodens, die Verteilung des Wassers und der Luft, die mit zunehmender Höhe lebensabträglicher wird, sind auch die Biota nicht gleichmäßig über die Erde verteilt. Die Kontinente sind in Nord-Süd-Richtung oder Ost-West-Richtung auf der Erde angeordnet. In einer Nord-Süd-Ausrichtung wechselt die der Ekliptik – d. h. dem zum Erdäquator bestehenden Schiefstand der Erde in ihrem Sonnenumlauf – geschuldete Sonneneinstrahlung und Tageslänge mit der geografischen Breite stärker als bei einer Ost-West-Ausrichtung. Im letzten Fall ist die Ausbreitung von Tieren und Pflanzen auf gleicher geografischer Breite begünstigt, im ersten ist diese Ausbreitung durch die Breitendifferenzen behindert. Auch die Bodenschätze, das kultivierbare Land, domestizierbare Tiere und Pflanzen, die Belastungen mit Krankheitserregern und Parasiten sind ungleich verteilt. In dieser unterschiedlichen naturräumlichen Verteilung gründen Unterschiede in den Lebensbedingungen, innerhalb deren Tiere und Menschen ihre Kulturaufgaben bewältigen. Die naturräumlichen Bedingungen (Abschn. 1.1) bilden einen Existenz- und Handlungsrahmen, der ohne aufwendige energetische und stoffliche Substitution nicht überwunden werden kann.

Als flüchtiges Umweltmedium bereitet die Luft der Umweltgeschichte die vermutlich größten Schwierigkeiten. Lässt man Winde und Stürme außer Acht, deren

Regelmäßigkeit und gefürchtete Wirkung ihnen gelegentlich sogar Namen verliehen hat, tritt die Luft in der Geschichte als Träger von Gerüchen, Immissionen, Miasmen und Trugbildern auf. Sie kann einmal kalt, einmal warm sein und ist vor allem Transportmittel für das Wetter, von dem überall auf der Erde die Bildung pflanzlicher Biomasse und damit die energetische Primärproduktion abhängt.

Untrennbar sind Luft und Wasser über das Phänomen Wetter verbunden. Der lebenswichtige Regen fällt nach Regeln, die der Mensch nicht beeinflussen kann. Umso wichtiger ist der direkte Zugang zum Wasser, das als Landschaftsgestalter, als Lebensmittel, als Löse- und Prozessmittel, als Transportweg, als Entsorgungsmedium, als Nahrungsquelle, als Hochwasser und Sturmflut notwendiges wie zuweilen unerwünschtes Element der Geschichte ist.

Wasser verbindet sich mit dem stärker variablen Umweltmedium Boden je nach relativen Mengenverhältnissen zu Gunst- oder Ungunsträumen menschlicher Lebensführung. Vordergründig bilden der Boden und seine Oberflächenerscheinungen die Haupteigenschaft des sichtbaren Raumes. Nicht nur in der Vorstellung der Physiokraten ist die Bodenbewirtschaftung die Grundlage des volkswirtschaftlichen Reichtums. Auch ökosystemar ist die von den grünen Pflanzen auf einer Bodenparzelle erzeugte Energie die Grundlage jeder Lebensgemeinschaft (Biozönose). Die energetischen Limitierungen überwanden Menschen zunächst durch große Schweifgebiete, mit der Erfindung des Ackerbaus durch energetischen Mehrwert aus domestizierten Tieren und Pflanzen, später aus dem Abernten von Wind- und Wasserenergie. Erst sehr spät in der Geschichte mit der Industrialisierung wird der energetische Flächenbezug durch das Erschließen fossiler Energieträger durchbrochen. Der Abbau und Verbrauch fossiler Energien ist eine Nutzung erdgeschichtlich alter Produktionsflächen, die heute in unterirdische Lagerstätten gewandelt sind und deren Nutzung durch ihre Begrenztheit ein Leben auf Kosten der Zukunft bedeuten.

Der sichtbare Raum wird nicht nur durch die Oberflächeneigenschaften der Erde strukturiert, sondern vorzugsweise durch die Biota, durch ihre Aktivitäten und ihr räumliches wie saisonales Auftreten. Sie produzieren in Zusammenwirkung mit den anderen Umweltmedien Landschaften, Nutzungsräume und Rückzugsgebiete. Für Menschen nutzbar ist nur ein kleiner Teil der 300.000 auf der Erde existierenden höheren Pflanzen. Tatsächlich hängt die Welternährung heute an gerade dreißig Kulturpflanzenarten (allerdings mit zahlreichen Kultivaren). Obwohl die Zahl der Tierarten mit geschätzten 10 Mio. die der Pflanzen bei weitem übersteigt, ist die Zahl der von Menschen genutzten Tiere klein. Noch kleiner ist die Zahl der domestizierbaren Tiere und der aus ihnen gezüchteten Domestivare. Sie verteilen sich auch ganz ungleichgewichtig auf das Spektrum tierlicher Lebensformen, in dem die Insekten die numerisch größte Gruppe stellen.

Wirtschaftliche Bedeutung haben von ihnen allein die Bienen. Als domestizierbar erwiesen sich nahezu ausschließlich höhere Wirbeltiere. Wo dies gelang, beeinflusste die Haltung von Nutztieren offenkundig den Verlauf der Kulturgeschichte.

Für lebende Organismen und ihre Verbreitung spielen auch die zahlreichen Parasiten und Schädlinge eine wichtige Rolle.

2.3 Umwelthistorischer Pentamorphos

Geschichtliche Vorgänge finden an bestimmten *Orten,* zu bestimmten *Zeiten* (Datum, Tageszeit, Jahreszeit) mit leblose Sachen und Lebewesen umfassenden *Akteuren* statt, die *Bewegung bzw. Veränderung* in das historische Geschehen bringen, das schließlich im Nachhinein als *Ereignis* bestimmt wird. Die immerwährende Veränderung der Welt wird zu einer Zeit und an einem Ort durch die beteiligten Akteure zu einem Handlungszusammenhang. Die Netzwerkgebundenheit von Akteuren und ihrem Sachen und Lebewesen umfassenden Aktionsfeld wiederholt die Einsicht Ratzels und in einem weiteren Sinne diejenige Uexkülls, dass Handlungen von Lebewesen immer in bestimmten naturalen, auch von Lebewesen geschaffenen Umgebungen stattfinden, die ebenfalls in das Aktionsfeld treten. Die ursächliche Wirkung der Akteure aufeinander wird durch ihre Gleichräumigkeit und ihre Gleichzeitigkeit gewährleistet. Erst die historische Interpretation macht durch die sprachliche Verknüpfung daraus ein Ereignis, d. h. ein Bild, das das Gleiche im unaufhörlich sich Ändernden festhält. Dieses Gleiche kann als Struktur, z. B. als anthropologische oder ethologische Grundlegung von Verhaltensweisen (Cranach et al. 1979), historischen Ereignissen und ihren Akteuren unterlegt werden und dadurch mit dem Anspruch überräumlicher und überzeitlicher Geltung auftreten. Derartige Zuschreibungen sind vergänglicher, häufig auch nur schnell vorübergehender Einsichten und Erklärungen und sind damit Gegenstände geschichtswissenschaftlicher Interpretation.

Diese grundlegenden Begriffe der Geschichte sind zu ergänzen durch das, was den spezifischen Unterschied der Umweltgeschichte zur allgemeinen Geschichte ausmacht, nämlich die Vielfalt der natur- und geisteswissenschaftlichen Methoden und die auf sozionaturale Zusammenhänge konzentrierte Blickrichtung (Abschn. 1.3). Droysen (1977, S. 470 f.) hatte noch Bedenken, den Ergebnissen anderer Wissenschaften zu vertrauen, da die Geschichtswissenschaft damit ihre Eigenständigkeit aufgäbe, weil sie sich den ihr fremden Betrachtungsweisen ohne kritische Kontrolle fügen müsse. Obzwar wir heute eher geneigt sind, den Ergebnissen der Naturwissenschaften blind zu vertrauen, ist unter methodologischen Gesichtspunkten festzuhalten, dass die Verwendung naturwissenschaftlicher

Methoden von der überzeitlichen und überörtlichen Geltung naturwissenschaftlicher Ergebnisse ausgeht. Die Begreiflichkeit der Natur (Hermann von Helmholtz) und die Gleichförmigkeit des Naturgeschehens (John Stuart Mill) beinhalten die Erklärbarkeit künftiger wie vergangener Naturphänomene. Damit wird also von der meist stillschweigenden Voraussetzung ausgegangen, dass die Welt auf eine bestimmte Weise immer schon so war, wie sie heute ist. Jede neue Entdeckung der Naturwissenschaft ist daher nicht nur eine für uns Heutige, sondern auch für die gesamte Erdgeschichte. Es ist das Verständnis, das auch Droysen (1977, S. 474 f.) meinte, als er die Natur als das im Wechsel Gleiche definierte, während die Geschichte für ihn das im Gleichen Wechselnde ist. Greifbar ist der mit der Zuordnung der Natur zum Raum, zum räumlichen Nebeneinander und der Geschichte zum zeitlichen Nacheinander gegebene cartesische Dualismus von *res extensae* (ausgedehnten Dingen) und *res cogitatae* (gedachten Dingen). Dieser Dualismus kann nur verlassen werden, wenn wir Menschen, nichtmenschliche Lebewesen und Sachen nicht als getrennte Sphären betrachten, sondern sie als Akteure wahrnehmen, die zusammen handeln. So auch die Einsicht der Umwelttheorie, über die Theorie der Nischenkonstruktion bis hin zur soziologischen Netzwerktheorie. Mit einer solchen Sichtweise werden die erkenntnistheoretischen Unterschiede natur- und geisteswissenschaftlicher Methoden nicht eingeebnet, aber eine andere Sichtweise auf die Verflechtung der Handelnden möglich (Descola 2013, S. 140 f.). Grundsätzlich ist daher in den Wissenschaften darauf zu bestehen, dass methodologisch Kausalvorgänge in der Natur und Kausalvorgänge im Bereich individueller bzw. kollektiver Handlungen auseinanderzuhalten sind (Wright 1974, S. 145).

In der Umweltgeschichte müssen naturale Faktoren wie Wetter, Klima, ökosystemare Dienstleistungen, Ressourcenverfügbarkeit, Extremereignisse wie Riesenwellen, Erdbeben, Vulkanausbrüche, Hochwasser, Dürre, Seuchenzüge sowie soziale Faktoren wie der zeitgenössische Wissenshorizont oder politische Vorgaben methodisch aufeinander bezogen werden. Dabei gilt es, immer wieder deutlich werden lassen, dass angesichts der sehr unterschiedlichen Wahrscheinlichkeit von Ereignissen kausale Verknüpfungen nicht immer möglich sind. Auch gilt es zu bedenken, dass die Bewertung der Beiträge einzelner Akteure zur einer konkreten, umwelthistorisch relevanten Änderung häufig schwierig ist. Die in der Geschichtsschreibung nicht unübliche personelle Zuschreibung – Friedrich II. von Preußen meliorierte das Oderbruch oder führte den Kartoffelanbau in Preußen ein – vernachlässigt die sachlichen Bezüge sozionaturaler Bedingungen für den Erfolg bestimmter Veränderungen. Zudem werden deren langfristigen Folgen oftmals nicht ausreichend einbezogen. Umwelthistorische Veränderungen sind vielfach Ergebnisse sehr langfristiger Entwicklungen, deren systemische

Wirkungen häufig von geringer Erkennbarkeit sind. So haben Lebewesen wie auch Artefakte, also auch jedes Produkt, einen ökologischen Fußabdruck, da Grundlage ihrer Entstehung bzw. ihrer Herstellung naturale Ressourcen sind. Die Ausbeutung derselben führt nicht selten zu naturalen Degradierungsformen, welche die ökosystemaren Dienstleistungen so zu beeinträchtigen vermögen, dass die Pufferqualitäten irreversibel vermindert werden. Zusammenhänge solcher Art sind meist äußerst komplex und daher historisch nicht immer rekonstruierbar.

Die Verschiedenheit der in einer umwelthistorischen Betrachtung beteiligten Elemente, deren jeweilige Gesetzlichkeiten der spezifischen Komplizierungen sowie deren autonome Regulationsmöglichkeiten und Dynamiken schließen daher eine monokausale Argumentation aus. Ihre Erklärungsmöglichkeiten durch Komplexitätsreduktionen über Parsimonitätserwägungen und die Einführung von *Ceteris-paribus*-Bedingungen sind begrenzt. Die erkenntnistheoretischen Instrumente der Umweltgeschichte sind deshalb opportunistisch zu suchen.

Kernthemen der Umweltgeschichte   3

3.1 Anspruchsberechtigungen *(entitlements)* und Abgleichkonflikte *(tradeoffs)*

Der Zugriff auf natürliche Ressourcen ist in menschlichen Gemeinschaften verabredet und durch Gewohnheitsrechte, korporative oder individuelle Rechte geregelt, die in der Umweltwissenschaft und -geschichte analysiert werden (Marquardt 2003). Gemeinschaftlich genutzte Ressourcen oder Güter (sog. Allmenden) unterliegen der Gefahr der Vorteilsnahme durch einzelne Nutzungsberechtigte zum Nachteil der übrigen Gemeinschaft. Soziale Kontrolle, dies eine Lehre aus der Geschichte, kann dem nur begrenzt vorbeugen, sodass Allmenden grundsätzlich durch Trittbrettfahrer bestandsgefährdet sind insbesondere dann, wenn die Allmende nutzenden Bevölkerungen im Wachstum begriffen sind (Tragödie der gemeinschaftlich genutzten Güter: Hardin 1968; Olson 1968; Ostrom et al. 2002).

Mit der Etablierung von Eigentumsrechten an Umweltgütern für juristische und natürliche Personen vor allem in der Neuzeit sind an die Stelle der gemeinschaftlichen Nutzung Exklusivrechte getreten. Mit dem Eigentumsrecht an Land und Bodenschätzen erhöhten sich perspektivisch Ungleichheiten in der Gesellschaft. Der Zusammenhang zwischen Ressourcennutzung und Gesellschaftsmodell ist offensichtlich und der historische Vergleich enthielte hier zahlreiche Lehren für den Umgang besonders mit knappen und knapper werdenden Ressourcen. Eine dieser Lehren ist das frühzeitig formulierte *Nachhaltigkeitsgebot,* das u. a. insbesondere für Waldnutzungen in Mitteleuropa bereits in frühesten mittelalterlichen Kodifizierungen nachweisbar ist. Noch im 18. Jahrhundert war im Zeichen des sog. Merkantilismus das Nachhaltigkeitsgebot mit der Empfehlung verbunden, dass ein Land seine Bedürfnisse an nachwachsenden Rohstoffen nicht aus anderen Ländern befriedigen, sondern Selbstversorgung anstreben sollte (Carlowitz 1713, S. 94).

© Springer Fachmedien Wiesbaden 2016
B. Herrmann und J. Sieglerschmidt, *Umweltgeschichte im Überblick,*
essentials, DOI 10.1007/978-3-658-14315-2_3

Mit der Anspruchsberechtigung eng verbunden sind die Abgleichkonflikte, sogen. Folgekosten: wer z. B. Land kolonisiert, muss in Mitteleuropa Wald vernichten. Auf der Ackerfläche ist Unkraut aufwendig zu bekämpfen. Wer Singvögel isst, muss mit einer höheren Zahl von Schadinsekten fertig werden. Die Transportkosten für Ressourcen können so hoch werden, dass eine Gemeinschaft sie nicht mehr zu kompensieren vermag (u. a. eine Bedingung für Siedlungsauflassungen). Die Abgleichkonflikte können auf bestimmte Sozialgruppen zu deren Nachteil beschränkt sein.

3.2 Umgang mit Umweltmedien

Es gibt ökologische Zwänge, die vom Menschen wenig beeinflusst werden können. So sind alle Gesellschaften dem Klima bei nur sehr geringen Pufferkapazitäten ausgeliefert. Bei den anderen Umweltmedien entscheidet auch die Art und Weise des Umgangs mit ihnen darüber, ob ökologische Zwänge für eine Gesellschaft entstehen. Boden, Wasser und Biota können verbessert und in Grenzen sogar, oft in generationenübergreifenden Maßnahmen, umverteilt werden. Die bloße Ansiedlung von Neophyten und Neozoen war nicht gleichbedeutend mit der Durchbrechung lokaler Stoffströme und Energieflüsse. Erst der Import von naturalen Ressourcen nach dem Kolonialmodell erntet exterritoriale Rohstoffe, Halbfabrikate und Konsumgüter zum Nachteil der Erzeugerregionen ab. Vorgeschichtlich findet sich dieses Wirtschaftsmodell bereits in der Altsteinzeit mit der Jagd auf saisonal weidegängige Großsäuger, bei der Tiere erlegt wurden, die nicht im Lebensraum der Jäger aufwuchsen. Mit der Errichtung von Herrschaftssystemen und dem Entstehen von Großmächten werden Stoffströme und Energieflüsse dann einseitig auf zentrale Orte ausgerichtet. Dabei spielen Überlegungen zur räumlichen Anordnung der Nutzungskomponenten und damit ihrer energetischen Nebenkosten eine wichtige Rolle, sodass z. B. verderbliches Gemüse verbrauchernah angebaut wurde, während selten benötigtes Bauholz aus entfernten Wäldern herbeigeschafft wurde (Lagerenten; von Transportkosten abhängige regionale Schwerpunkte des Wirtschaftens und Verteilung von Kulturen bei Johann Heinrich von Thünen bereits 1826).

3.3 Strukturen menschlicher Populationen

Die historische Zunahme der menschlichen Weltbevölkerung stellt sicherlich die größte Hypothek für das Weltökosystem und seine Subsysteme dar. Der Bevölkerungszuwachs verdankt sich ursächlich der ortsfesten nahrungsproduzierenden

Wirtschaftsweise, deren grundsätzliche Leistungsfähigkeit eine numerische Bevölkerungszunahme und damit eine Vielzahl gesellschaftlicher Dynamiken in Gang setzte.

Menschliche Bevölkerungen reagieren auf biologiewirksame Umweltfaktoren ebenso wie andere tierliche Lebewesen. Viele Tierarten können ihre Reproduktion auf anhaltende Nahrungsknappheit abstellen. Menschen vermögen das ebenso. In der Regel verhindern heimliche wie offene soziale Steuermechanismen die Ausschöpfung der potenziell möglichen Gesamtfruchtbarkeit. Die Kenntnis solcher Steuermechanismen ist im Agrarregime bedeutsam, um perspektivisch die häufigen Nahrungsengpässe bzw. Hungersnöte zu überstehen bzw. auf eine solche Situation akut reagieren zu können. Bekannt sind die gleichsinnigen Verläufe von Getreidepreisentwicklung und Bevölkerungsentwicklung während großer Notjahre (Beispielhaft für französische Regionen dargestellt von Meuvret 1946). Es ergibt sich eine Synchronität von Teuerung, Übersterblichkeit und unterzähligen Geburten, nicht nur als Ergebnis aktiver Geburtenregelung sondern auch durch fertilitätsreduzierende Hungeramenorrhoe. Man weiß heute, dass Föten, die während großer Hungerkrisen ausgetragen werden, sofern sie das Erwachsenenalter erreichen, mit einer erheblichen Anzahl von schweren Krankheiten rechnen müssen. Diese *epigenetisch* erworbenen Krankheitsdispositionen werden an die Nachkommen weiter gegeben und betreffen diese – nach gegenwärtiger Kenntnis an Nachkommen des Amsterdamer Hungerwinters 1944/1945 – mindestens bis in die Enkelgeneration.

Darüber hinaus beeinflussen Umweltfaktoren auch das körperliche Erscheinungsbild, dauerhaft in der geografischen Bevölkerungsdifferenzierung innerhalb des evolutiven Geschehens oder in biografischen Episoden durch Ernährung, Krankheit, Strahlung usw. Ein sehr komplexes Anzeichen für den biologischen Lebensstandard einer Bevölkerung liefern aggregierte Körperhöhen. Sie reflektieren neben der Genetik eben jene biografischen Ereignisse sowie etwaige weitere körperhöhenrelevante Parameter, allerdings als nicht differenzierbarer Datensatz. Derartige Angaben können aus Skelettuntersuchungen oder ab dem 17. Jahrhundert aus Rekrutierungslisten gewonnen werden. Beispielsweise haben französische Männer der Geburtskohorte um 1680 mit 161,7 cm die geringste durchschnittliche Körperhöhe erreicht, die Franzosen je hatten. Ihre Kindheit war geprägt von Hungerkrisen, von Kriegsfolgen und klimatischer Ungunst (Komlos 2010). Die während der Kindheit erlittenen Wachstumsverzögerungen, die mindestens die ersten zwölf Lebensjahre betreffen, könnten auch heute nur begrenzt und nur unter optimalen Bedingungen im Jugendalter kompensiert werden. Derartige optimale Bedingungen waren für das 17./18. Jahrhundert auszuschließen. Andererseits können Hauptnahrungskomponenten einen nicht intendierten Einfluss auf die Gesamtfertilität haben. So bewirkte der Wechsel vom Getreidestandard in der Basisernährung hin zu Kartoffel bzw. Mais einen statistischen Fertilitätsanstieg wegen des Wegfalls fertilitätssenkender Nahrungsbegleitstoffe (Gundlach 1989).

Herrschafts- und Reproduktionssysteme sind häufig mit Zugangsrechten zu oder Verfügungsrechten über Umweltmedien verbunden. Dass Gesellschaften die Zahl ihrer Nachkommen und deren Geschlechterverhältnisse nach Ressourcenverfügbarkeit regelten, galt nicht nur für kleine Gruppen, sondern auch große Gesellschaften. Bis in das 19. Jahrhundert wurden in Europa Geburten beschränkende Regeln wie z. B. späte Heirat oder der Nachweis ausreichenden Einkommens befolgt, sogar Gesetze wie z. B. Eheverbote erlassen. Und noch heute gibt es Bemühungen dieser Art, u. a. in Indien oder China. Der Zusammenhang zwischen Erbrecht und Investitionsverhalten von Eltern in die möglichen Erben innerhalb der Geschwisterreihe ist vielfach nachgewiesen (Voland 2009) und ein unmittelbares ökologisches Regulativ des Mediums Boden, für das auch komplexe Heiratssysteme sorgen können. Für einzelne Sozialgruppen gab es faktische Reproduktionsverbote (z. B. der Nachweis eines Auskommens für die Heiratserlaubnis in agrarischen Gesellschaften, Kleriker). Diese galten aus religiösen Gründen zuweilen auch für eine Gesamtbevölkerung (Fastenzeiten) und waren aufgrund der damit verbundenen Geburtengipfel in der Agrargesellschaft funktional im Hinblick auf den Arbeitsanfall.

Hungerkrisen konnten im Agraregime nur bedingt abgepuffert werden, weil Ernteausfälle und Nahrungsknappheiten jahrübergreifend Folgen für Menschen und Nutztiere hatten, sodass das Gesamtsystem empfindlich gestört wurde. Allgemein bedeuteten Bevölkerungsverluste und Nutztierausfälle eine Abwärtsspirale, weil damit auch erforderliche Arbeitskraft zur kurzfristigen Überwindung der Ausfälle fehlte. Seuchenzüge und Infektionskrankheiten trafen, je nach Erregertyp, die Mitglieder einer Bevölkerung zufällig oder aufgrund genetischer Prädisposition. Dabei spielte auch die Bevölkerungsdichte eine Rolle, die naturgemäß auf dem Lande geringer als in der Stadt war. Erst gegen Ende des 19. Jahrhunderts begann die allgemeine Lebenserwartung der Stadtbewohner die der Landbewohner zu übersteigen. Ressourcenallokation und unterschiedliche Anspruchsberechtigungen zwischen den Sozialgruppen waren bestimmend für die Lebenserwartung, die im 19. Jahrhundert in der Unterschicht die Hälfte derjenigen der Oberschicht betragen konnte.

3.4 Spezifische anthropogene Ökosysteme

Mit der Erfindung der ortsfesten nahrungsproduzierenden Wirtschaftsform, die mindestens dreimal unabhängig voneinander erfolgte (Südostasien, Vorderer Orient, Mittelamerika), wurden mit den Agrarflächen rein anthropogene Ökosysteme etabliert. Sie können nur durch andauernden menschlichen Kultvierungsaufwand (energetische Investition) aufrecht- und produktiv erhalten werden. Sie bilden, je nach Nutzungsformen (Pflanzenbau, Tierzucht) und naturräumlichen Randbedingungen, eine Vielzahl von Landschaftsformen und ökologischen Besonderheiten. Insbesondere ist mit den anthropogenen Ökosystemen die Verdrängung anderer als der gewünschten Biota von den Nutzflächen verbunden, was zumindest dort zu einer Diversitätsreduktion führt. Den Grabstocksystemen kommt die höchste energetische Effizienz zu, gemessen im Verhältnis von Arbeitsleistung zu energetischem Nettoertrag. Die Effizienz sinkt mit steigender Mechanisierung und erreicht bereits in der englischen Landwirtschaft des frühen 19. Jahrhunderts nur noch die Hälfte der Effizienz der Grabstocksysteme, allerdings bei höheren Nettogesamterträgen. Heutige Landwirtschaft kann die Netto-Effizienz von Aufwand und Ertrag in Höhe von ca. Eins zu Zwei nur durch fossilenergetische Substituierung erreichen.

Falscher Umgang mit dem Boden führt zu Verlusten der Fruchtbarkeit (Erschöpfung, Erosion, Versalzungen, Desertifikationen), die nur teilweise durch Ertragssteigerungen bei Zuchtformen von Pflanzen und Tieren kompensiert werden konnten, zu Schädlingskalamitäten oder zur Erhöhung der pathogenen Belastung (z. B. Malaria und Nassreisbau) sowie Änderungen des Mikro- und Makroklimas (Treibhausgase Methan, CO_2).

Mit der Erfindung von Siedlungsstrukturen erweisen sich Städte offenbar als das ökologische Optimum für die menschliche Lebensweise, gemessen an der Zahl dort lebender Menschen. Städte bestimmten dabei ihre Bewirtschaftungsflächen in Abhängigkeit von der Zahl menschlicher Individuen. Um 1800 lebten etwa 3 % der Weltbevölkerung in Städten, um 1900 waren es 14 %, 1975 bereits 30 %. Im Jahre 2007 wurden 50 % erreicht. Nur zehntausend Jahre nach der Entstehung der ersten Städte werden 2050 rund 70 % aller Menschen in Städten leben. Damit verbunden sind nicht nur auf die großen Siedlungen ausgerichtete Stoffströme und Energieflüsse, sondern auch immense Deponieprobleme und Entsorgungsanstrengungen, die sich schon lange nicht mehr in lokalen Kreisläufen auffangen lassen. Zugleich mussten angesichts der Bevölkerungskonzentration Krankheitserreger (Wasserversorgung, Assanierung) und andere Gefahren (z. B. Feuersbrünste) minimiert werden.

3.5   Entdeckungen und Erfindungen

Die Ausweitung der lokalen Stoffströme und Energieflüsse war im Wesentlichen abhängig von der Entdeckung großer Landmassen in den Hemisphären. Sie hätten ohne technische Hilfsmittel, z. B. die Koggen und Linienschiffe, nicht entdeckt und erschlossen werden können. Die Entdeckungsfahrten wurden ergänzt durch Expeditionen, auch wissenschaftliche, zumeist mit dem Auftrag, (vor allem pharmakologisch) nutzbare Pflanzen, Tiere und Bodenschätze aufzuspüren. Während zahlreiche Nutz- und Heilpflanzen nach Europa eingeführt werden konnten, wurden die meisten wirtschaftlich nutzbaren Tiere aus der Alten Welt in die neu entdeckten Regionen exportiert. Ökologisch entsprechen die gegenwärtigen kultivierten Flächen der Erde im Wesentlichen den verpflanzten europäischen Ökosystemen.

Auf die Vielzahl umweltrelevanter Erfindungen kann hier nur hingewiesen werden. Sie beginnen mit dem Grabstock, dem Pflug und der Sense, Wind- und Wasserkraftmaschinen, später der Drillmaschine, dem Kunstdünger, immissionsstarken Industrien und enden gegenwärtig bei großen, Masse befördernden Maschinen, die fossilenergetisch betrieben werden. Die natürliche Erosion auf den Landflächen wird mittlerweile durch die anthropogenen Massenbewegungen übertroffen.

3.6   Bewertungskategorien

Jeder gravierende menschliche Eingriff in die Natur hat Folgen für die Biozönose. Die Geschichtsbetrachtung ermöglicht ein Urteil über die langfristigen Folgen einer Umgestaltung. Es sind aber die Bewertungskriterien der Zeitgenossen heranzuziehen, um zu einem angemessenen Urteil zu kommen. Ökosystemares Wissen war bereits in sehr früher Zeit vorhanden. Naturtheorien vergangener Zeiten enthalten Wissen, das nach heutigen Maßstäben als naturkonservierend gilt, das uns jedoch methodisch nicht ausreichend erscheint, da zu wenige Faktoren berücksichtigt werden. Biodiversitätslenkungen und Biodiversitätsverdrängungen, die charakteristisch für die ortsfeste nahrungsproduzierende Wirtschaftsform sind, können zwar mit heutigen Methoden festgestellt werden, müssen aber in Hinsicht auf die situativen und historischen Randbedingungen bewertet werden. Was heute als Zerstörung eines Ökosystems erscheint, ist möglicherweise den seinerzeit in ihrer Wirkung nicht vorhersehbaren Abgleichkonflikten innerhalb einer Maßnahme geschuldet. Es gehört zu den ernüchternden Einsichten der Umweltgeschichte, dass Langzeitfolgen ökologisch wirksamer Maßnahmen wegen des Resilienzverhaltens eines Systems erst nach hunderten von Jahren gravierende Folgen zeitigen können.

Subsistenzwirtschaften produzieren praktisch keinen Abfall, der nicht in lokale Kreisläufe zurückgeführt werden kann. Das Problem unerwünschten Abfalls tritt erst mit hoher Bevölkerungsdichte und der Artefaktproduktion auf, die dem von

David Hume als *desire for gain* apostrophierten Verhalten bzw. dem zunehmenden Fetischismus moderner Gesellschaften geschuldet ist (Stuart 2011). Grundlage für den Naturverbrauch ist, unabhängig von jeder Gesellschaftsform, seit jeher eine Orientierung an unmittelbaren Kosten. Hat ein irreversibler Naturverbrauch für den Verbraucher weder Kosten noch sonstige Folgen, sondern kann er langfristig vergemeinschaftet oder verlagert werden, dann wird der direkte Vorteil gegenüber einer langfristigen Bewahrung der Lebensgrundlagen bevorzugt. Nur Wildbeutergesellschaften haben es geschafft, über lange Zeiträume eine Balance zwischen Naturverbrauch und Bevölkerungszahl zu finden.

Wozu Umweltgeschichte? 4

Seit der Konferenz der Vereinten Nationen über Umwelt und Entwicklung in Rio de Janeiro (1992) gilt als grundsätzliche Verabredung, dass der Mensch die Verantwortung für den Zustand des Weltökosystems zu übernehmen habe. Wird diese Verantwortung akzeptiert, so entbehrt diese ohne umweltbezogene Kenntnisse, die in der Vergangenheit gesammelt wurden oder aus ihr rekonstruiert werden konnten, wesentlicher Aspekte einer möglichen rationalen Begründung. Das Bewusstsein, z. B. in einer Zeit klimatischer Veränderung zu leben, resultiert allein aus Vergleichen mit historischen Daten. Diese paläoklimatischen Daten liefern die Grundlage bzw. den Bezugsrahmen für umweltbezogenes Handeln. Im Falle der Umweltgeschichte liegen zwei grundsätzlich unterschiedliche Datensätze vor. Jene, die im Sinne der Naturwissenschaft experimentell und quantifizierend nachweisbar sind und solche, deren konsensfähiger Gehalt mit hermeneutischen Techniken gefunden werden muss. Die Ergebnisse beider Datensätze müssen zusammengeführt und zu einer einheitlichen, widerspruchsfreien Gesamtaussage verbunden werden. Das ist die Hauptaufgabe der Umweltgeschichte. Zu dieser Aufgabe vermag in politischer Absicht auch die Formulierung von Handlungsoptionen zu gehören, da solche aus der Umweltgeschichte – wie aus jedem anderen wissenschaftlichen Gebiet – *abgeleitet* werden können.

Jenseits der umwelthistorischen Betrachtung um ihrer selbst willen ist Umweltgeschichte damit in zweierlei Hinsicht bedeutsam: Sie ist einmal die Vorgeschichte der Gegenwart der Umwelt. Damit ist sie alleiniger Bezugspunkt u. a. auch hinsichtlich von Maß und Zahl für oder gegen Aufgeregtheiten in der Gegenwart, und sie gewinnt durch Vergleich nützliche Einsichten in frühere Lösungen, die Menschen bei der Bewältigung ihrer umweltbezogenen Probleme gefunden haben. Das Wissen um historische Vorgänge hat den Vorteil, dass es sich nicht um unwägbare Zukunftsszenarien handelt, sondern die Resultate und Fakten liegen vor.

© Springer Fachmedien Wiesbaden 2016
B. Herrmann und J. Sieglerschmidt, *Umweltgeschichte im Überblick*,
essentials, DOI 10.1007/978-3-658-14315-2_4

„Those who cannot remember the past are condemned to repeat it." Diejenigen, welche keine Erinnerung an die Vergangenheit haben, sind dazu verdammt, sie zu wiederholen (Santayana 1905, S. 115). Umweltgeschichte kann aus der Geschichte Beispiele zu ähnlichen oder vergleichbaren Entwicklungen wie in der Gegenwart zusammentragen. Sie hat nicht die Aufgabe einer Politischen Ökologie, die gegenwärtigen umweltbezogenen politischen Entscheidungen und Entwicklungen kritisch zu bewerten. Sie betreibt als akademischer Wissenszusammenhang keine Politikberatung. Aber ihre Einsichten und Forschungsergebnisse können Menschen dazu befähigen, im wortursprünglichen Sinn nachhaltiger und nachdenklicher mit der Umwelt umzugehen. Indem sie grundlegende Einsichten der Abläufe in den sozionaturalen Kollektiven und in deren historische wie naturale Bedingtheiten vermittelt, ist sie ein selbstverständliches Element seiner allgemeinen Kultur. Das Wissen der Umweltgeschichte ist damit wesentlicher Bestandteil der ökologischen Grundbildung.

Literatur

Botero C (2014) The ecology of religious beliefs. PNAS 111:16784–16789

Butzer K (Hrsg) (1992) The Americas before and after 1492. Ann. Assoc. Am. Geogr. 82(3):345–368

Carlowitz, H C v (1714) Sylvicultura Oeconomica, Oder Haußwirthliche Nachricht und Naturmäßige Anweisung Zur Wilden Baum-Zucht:(…). Braun, Leipzig

Cassirer E (1996) Versuch über den Menschen. Einführung in eine Philosophie der Kultur. Meiner, Hamburg (Erstveröff. 1944: An Essay on Man. Yale University Press, New Haven)

Catton W, Dunlap R (1980) A new ecological paradigm for post-exuberant sociology. Am. Behav. Sci. 24:15–47

Cranach M von, Foppa K, Lepenies W, Ploog D (Hrsg) (1979) Human ethology. Claims and limits of a new discipline. Cambridge University Press, Cambridge/Maison des Sciences de l'Homme, Paris

Denevan W (2011) The „Pristine Myth" revisited. Geogr. Rev. 101:576–591

Descola P (2013) Jenseits von Natur und Kultur. Suhrkamp, Frankfurt

Dewey J (2002): Human nature and conduct. Prometheus, New York (Erstveröff. 1922)

Droysen J (1977) Historik. Rekonstruktion der ersten vollständigen Fassung der Vorlesungen (1857) (…). Frommann-Holzboog, Stuttgart

Durham W (1991) Coevolution. Genes, culture, and human diversity. Stanford University Press, Stanford

DWB Deutsches Wörterbuch von Jacob und Wilhelm Grimm. http://dwb.uni-trier.de/de/

Eitel B, Mächtle B (2015) Wüstenrandgebiete als ‚hot spots' der Kulturentwicklung. In: Herrmann B (Hrsg) Sind Umweltkrisen Krisen der Natur oder der Kultur? Springer Spektrum, Berlin, S 11–20

Epictetus (1529) Ἐγχειρίδιον Ἐπικτήτου; Epicteti stoici enchiridion. Ioannes Petreius, Norenbergæ

Feldhoff J (1980) Milieu. In: Historisches Wörterbuch der Philosophie (HWP) Bd 5. Schwabe, Basel, S 1393–1395.

Friederichs K (1950) Umwelt als Stufenbegriff und als Wirklichkeit. Studium Gen. 3:70–74

Glacken C (1967) Traces on the rhodian shore. Nature and culture in wester thought from ancient times to the end of the eighteenth century. University of California Press, Berkeley

© Springer Fachmedien Wiesbaden 2016
B. Herrmann und J. Sieglerschmidt, *Umweltgeschichte im Überblick,*
essentials, DOI 10.1007/978-3-658-14315-2

Gundlach C von (1989) Nahrungsmittelversorgung und Geburtenregulation, aufgezeigt am Beispiel der Kartoffel. Zeitschrift für Agrargeschichte und Agrarsoziologie 37:28–36

Herrmann B (2016) Umweltgeschichte. Eine Einführung in Grundbegriffe. 2. Aufl. Springer, Berlin http://www.springer.com/de/book/9783662488089

Herrmann B, Sieglerschmidt J (2016) Umweltgeschichte: in Beispielen. essentials Springer Spektrum, Wiesbaden

Hume D (2002) A treatise of human nature. In: Norton DF, Norton MJ (Hrsg). Oxford University Press, Oxford

Issar A, Zohar M (2004) Climate change – environment and civilization in the middle east. Springer, Berlin

Kendal J et al. (Hrsg) (2011) Human niche construction. Philos. Trans. R. Soc. B 366(1566)

Komlos J (2010) The biological standard of living in the West in the 17th and 18th centuries. In: Cavaciocchi S (Hrsg) Le interazioni fra economia e ambiente biologico nell'Europa preindustriale secc. XIII–XVIII. Economic and biological interaction in pre-industrial Europe from the 13th to the 18th centuries. Firenze University Press, Firenze. S 517–530

Kopperschmidt J (1991) Das Ende der Verleumdung. Anmerkungen zur Wirkungsgeschichte der Rhetorik. In: J Kopperschmidt (Hrsg) Wirkungsgeschichte der Rhetorik. Rhetorik, Bd 2. Wissenschaftliche Buchgesellschaft, Darmstadt, S 1–33

Marsh G (1864) Man and nature or: the earth as modified by human action. London (Nachdruck Cambridge: Harvard University Press 1965)

Meuvret J (1946) Les crises de subsistences et la démographie de France d'ancien régime. Population 1:643–650

Mildenberger F, Herrmann B (Hrsg) (2014) Umwelt und Innenwelt der Tiere. Mit einem Stellenkommentar und Nachwort versehen. Springer Spektrum, Berlin

Müller GH (2001) Umwelt. Historisches Wörterbuch der Philosophie (HWP) 11:99–105

Olson M (1968) Die Logik des Kollektiven Handelns.Kollektivgüter und die Theorie der Gruppen. Mohr, Tübingen

Ostrom E, Dietz T, Dolšak N, Stern PC, Stonich S, Weber EU (Hrsg) (2002) The drama of the commons. Committee on the human dimension of global change. National Academy Press, Washington

Plessner H (1975) Die Stufen des Organischen und der Mensch, 3. Aufl. De Gruyter, Berlin (Erstveröff: De Gruyter, Berlin Leipzig 1928)

Ratzel F (1899) Anthropogeographie. Erster Teil: Grundzüge der Anwendung der Erdkunde auf die Geschichte. In: Bibliothek geographischer Handbücher. Neue Folge, 2. Aufl. Engelhorn, Stuttgart

Ratzel F (1901) Der Lebensraum. Eine biogeographische Studie. In: Bücher K et al. (Hrsg) Festgaben für Alfred Schäffle zur siebenzigsten Wiederkehr seines Geburtstages am 24. Februar 1901. Laupp, Tübingen, S. 101–189. (Reprint 1966, Wissenschaftliche Buchgesellschaft, Darmstadt)

Ratzel F (1912) Anthropogeographie. Zweiter Teil: Die geographische Verbreitung des Menschen, 2. Aufl. J. Engelhorns Nachf, Stuttgart

Ritter J, Gründer K, Gabriel G (Hrsg) (1971–2007) Historisches Wörterbuch der Philosophie (HWP). Schwabe, Basel (13 Bde)

Santayana G (1905) Introduction and reason in common sense. The life of reason or the phases of human progress, Bd 1. Constable, London

Schulze G (2010) Krisen. Vontobel-Stiftung, Zürich

Sieglerschmidt J (1996) Geschichte und Geographie: Überlegungen zur Integration zweier wissenschaftlicher Perspektiven. In: Döbeli C, Pfister C, Schüle H, Wagner R (Hrsg) Landesgeschichte und Informatik. Schwabe, Basel. Itinera, Bd 17, S. 19–33.

Stuart T (2011) Für die Tonne: Wie wir unsere Lebensmittel verschwenden. Artemis & Winkler, Mannheim

Thomas W, Sauer C, Bates M, Mumford L (Hrsg) (1956) Man's role in changing the face of the earth. University of Chicago Press, Chicago

Uexküll J Von (1909/1921) Umwelt und Innenwelt der Tiere. Springer, Berlin (2. verbindliche Aufl. 1921)

Welter R (1986) Der Begriff der Lebenswelt. Theorien vortheoretischer Erfahrungswelt. Fink, München (Übergänge 14)

White L (1967) The historical roots of our ecologic crisis. Science 155:1203–1207

Winiwarter V, Knoll M (2007) Umweltgeschichte. Böhlau UTB, Köln